美味不發胖!

35款低卡無油
戚風蛋糕

茨木くみ子／著　莢嫣容／譯

U0076491

無油戚風蛋糕就是以水取代油來製作。
成品不會過於乾柴，而且非常濕潤，
能烤出比加入油脂製成的戚風蛋糕更加蓬鬆的口感。

無油戚風蛋糕具備許多讓人開心的特點！

材料很簡單，製作方法更是容易

基本材料只有粉類、雞蛋、水、砂糖，作法也很單純快速，完全沒有麻煩的操作或很難理解的步驟。

因為不使用油脂，所以熱量只有2/3

相對於1g會產生4大卡熱量的碳水化合物與蛋白質，脂質所產生的是兩倍以上、9大卡的高熱量。因為是完全不使用油脂的無油戚風蛋糕，所以低熱量且低脂。可以預防肥胖或慢性病。

失敗率低

加入油脂的戚風蛋糕，得在製程中費心維持蛋白霜的氣泡穩定，且蛋糕體很難順利地膨脹。反之，無油戚風蛋糕的蛋白霜不容易消泡，失敗率也較低。

後續的清潔整理也很輕鬆

要清洗因為沾了油脂而變得黏膩的打蛋器和調理盆很辛苦。如果是做無油戚風蛋糕，由於沒有使用油脂，只要用水就可以俐落地完成清潔工作。

容易消化，對腸胃很好

使用油脂會讓消化速度變得遲緩，造成腸胃的負擔。無油戚風蛋糕因為不含油脂，所以容易消化，從幼兒到老人都可以安心品嘗。

經濟實惠

用水取代油脂，還能節省材料費。是對荷包很友善的蛋糕。

粉類可換成低筋麵粉、高筋麵粉、全麥粉、烘焙用米粉、糯米粉，或個人喜歡的粉類

在本書中，會根據食譜使用推薦的粉類製作，但也可以換成個人喜歡的粉類製作。使用糯米粉時，請將分量增加5g。

Contents

變換粉類

做出圖案

以戚風蛋糕體
變化其他蛋糕

〈注意事項〉

● 1小匙=5㎖、1大匙=15㎖、1杯=200㎖
● 烤箱的烘烤時間只是基準。依機種和使用年數等，多少會有些不同，請務必一邊烘烤一邊觀察調整。
● 微波爐的加熱時間若沒有特別標示，就是使用700W的機種。若為600W，請將時間設定為1.2倍。依機種和使用年數等，多少會有些不同，請一邊加熱一邊觀察調整。
● 計算出的熱量是1人份的大略數值。

基本材料

可以自己選擇材料是手作的特權。
就選用高品質且安全的食材吧。

雞蛋

選用M尺寸的蛋（包含蛋殼重量約60g）。若要做直徑17㎝的戚風蛋糕，請使用4個蛋，重量大約是240g。

砂糖

本書使用上白糖。價格便宜，且在精製過程中就去除了農藥或其他雜質，所以可以安心使用。

水

使用一般飲用水即可，若能以濾水器濾過會更安心。

低筋麵粉

本書中是使用日本產的低筋麵粉。

基本材料＋食材

可以自由變化做出不同口感與口味。不論搭配哪種食材都很合適。

可可粉　　細椰絲　　草莓粉　　咖哩粉　　蜂蜜

冷凍綜合莓果　　綜合堅果　　水果乾　　南瓜　　糖漬檸檬皮
※用砂糖醃漬的檸檬皮

抹茶粉　　芝麻　　乾燥艾草　　黃豆粉　　顆粒紅豆餡

基本工具

工具

手持式電動攪拌器

選用攪拌頭較大、轉速可以從低速切換到高速的產品。此外，迴轉數較高的攪拌器能更有效率地將空氣打進蛋白中，使蛋糕在烘烤時更加膨脹。

有柄的細孔網篩

將粉類過篩加入時使用。選擇烘焙的細孔網篩。

深型調理盆

如果使用口徑大且淺的調理盆，拿手持式電動攪拌器攪打時，盆內的材料會噴濺出來，所以選用深型調理盆會比較安心。製作戚風蛋糕要打發4個蛋的量，因此建議使用口徑約24cm的調理盆。

量杯

秤量水等液體時使用。

料理秤

秤量材料時使用。建議選擇液晶螢幕顯示的產品。如果是烘焙用的，最小計量單位為1g且可以秤重至1～2kg就很夠用了。

耐高溫橡皮刮刀

攪拌粉類或將麵糊倒進模具時使用。沒有接縫、一體成型的產品不會藏污納垢，比較衛生。耐高溫的刮刀在製作卡士達醬等時也適用。

廚房小刀

要將戚風蛋糕脫模時，只要使用較利的刀子，就能將側面和底部漂亮地脫模。

戚風脫模刀

要將戚風蛋糕從模具中央的圓筒脫模時，會使用較細的戚風蛋糕脫模專用刀。

模具

戚風蛋糕模具

本書中使用鋁製模具。選擇沒有接縫的產品，清洗時會較輕鬆。
戚風蛋糕會貼著模具膨脹，所以使用時不要在模具上抹油。如果是防沾材質的模具，可能會在脫膜時將蛋糕體連同防沾塗層一起剝除，所以不太適合。

戚風蛋糕紙模

要將戚風蛋糕漂亮地從鋁製模具中脫模，需多次練習。想將蛋糕作為禮物送人時，紙製模具會很方便。推薦使用紙壁較為堅固、不易變形的紙模。也有附蓋子的產品。

切模

在烘烤兩色戚風蛋糕時，放入戚風模具中使用。可依喜好選用星形或圓形等。最近在日本百圓商店也可輕鬆買到。

香草戚風蛋糕

在原味麵糊裡加入香草香氣的樸素戚風蛋糕。請就這樣直接品嘗，享受無油戚風蛋糕的美味。

無油戚風蛋糕的基本作法

因為無油戚風蛋糕用水取代了油，所以比起一般戚風蛋糕，作法較為簡單，也更容易成功。從p.16開始介紹的各種食譜都是運用基本作法製作而成。首先就來試做香草戚風蛋糕吧。

材料（直徑17cm的戚風蛋糕模具1個份）

蛋（M尺寸）… 4個（240g）

砂糖（打蛋白用）… 35g

砂糖（打蛋黃用）… 35g

低筋麵粉 … 80g

水 … 60mℓ

香草膏 … 5g

＊ 如果使用香草油，請加入5滴。

事前準備

＊ 將烤箱預熱至160℃。

＊ 將蛋的蛋白和蛋黃分別打入較大
的調理盆中。

A. 水
一般飲用水皆可。
但最好還是以濾水
器濾過。

B. 香草膏
香草油也可以。使用
香草油的話，加入5
滴。

C. 砂糖
使用上白糖。不是
細砂糖也能烤出細
緻的質地。

D. 粉類
基本上是使用日本產
的低筋麵粉。使用高
筋麵粉、米粉、糯
米粉的戚風蛋糕在
p.48～57。

E. 蛋
連同蛋殼1個約60g，以4個約235g～245g
為基準。因為只靠蛋的支撐力使蛋糕膨脹，
所以蛋的分量（重量）很重要。太少會不夠
膨脹，太多又容易使戚風蛋糕產生氣孔。

作法

1 在蛋白中加入砂糖，用手持式電動攪拌器以高速打發成尖角挺立的蛋白霜。

①打蛋白用的砂糖可以一口氣全部加入。

②用手持式電動攪拌器以高速攪打。不時如畫圓般攪拌，就能將整體打發得很均勻。

③打發至尖角挺立的狀態為止。

2 在蛋黃中加入砂糖，用手持式電動攪拌器以低速攪打至泛白為止。

④加入打蛋黃用的砂糖。可以不需清洗，直接使用剛剛打完蛋白的手持式電動攪拌器。

⑤將整體攪拌均勻。顏色泛白就可以了。

3 在2中加入水（水分）和香草膏，用手持式電動攪拌器以低速混拌。

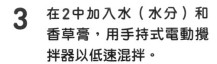

⑥加入水（水分）。

※也有其他食譜在加入水分時是加入白蘭地等。

⑦加入香草膏。

※也大多是在這個時候加入調味的材料。

4 將低筋麵粉過篩加入3中。用手持式電動攪拌器以低速攪拌，再用橡皮刮刀攪拌均勻。

5 將一半分量的1的蛋白霜加入4中攪拌混合。

6 將5倒回蛋白霜的調理盆中，以不會壓破氣泡的方式混拌。

⑪用橡皮刮刀從底部舀起翻拌。攪拌至大致均勻即可。如果有部分不均勻也不用太在意。

⑫在剩下的蛋白霜中加入混合攪拌好的5。
※從上方往下倒入蛋白霜調理盆中，就能將麵糊混拌均勻。

⑧在細孔網篩中倒入低筋麵粉，一邊搖晃一邊篩入。
※可可粉或抹茶粉等粉類也在這個步驟加入。

⑨用手持式電動攪拌器以低速攪拌混合。

⑩用橡皮刮刀將沾黏在調理盆側邊的粉類刮下並充分攪拌均勻。

整體攪拌均勻即可。不要過度攪拌。

7 將麵糊倒入戚風蛋糕的模具裡。

⑭只要將麵糊從一處倒入，麵糊就會因本身的重量而自然流淌至整個模具中。

⑮如果想將高低不均的麵糊整平，只要輕輕搖晃模具即可。敲打模具的話，會破壞麵糊中的氣泡，所以千萬不能這麼做。

8 放入160℃的烤箱中烘烤40分鐘。烤到約7分熟時，在蛋糕表面劃入4道切痕。

⑯只要用菜刀在蛋糕表面淺淺劃入切痕，蛋糕體就會膨脹得很漂亮，不會歪斜。
※若烤到一半發現表面有點烤焦，就蓋上鋁箔紙，充分烤到設定的時間為止。

9 烤好後倒扣放置冷卻。

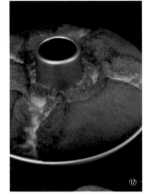

⑰判斷烤好與否，可以看沾附在中央圓筒的麵糊是否烤成褐色。也可以將竹籤戳入蛋糕體中確認。

⑱若使用金屬模具，就將模具倒置冷卻。如果是紙製模具，因為圓筒部分不具支撐力，所以將模具倒置並在中央的空洞處插著瓶子冷卻。

10 放涼後將蛋糕脫模。

⑲將廚房小刀插入蛋糕體和模具之間,沿著邊緣分離蛋糕體與模具。將刀刃維持在貼著模具的狀態,小心地往深處切,就能切得漂亮。

㉑將戚風蛋糕脫模專用刀插入蛋糕體與模具中央的圓筒之間,貼著模具切開。

㉓戚風蛋糕脫模後的狀態。

⑳將模具的底板往上推,將蛋糕體從模具中推出。

㉒將廚房小刀插入底板和蛋糕體之間,沿著底板將蛋糕體切分開來。這時也要以刀刃緊貼著模具的方式進行操作。

變化口味

加入能散發香氣的食材，就能呈現出各式各樣的風味。

水果乾太大塊的話，會沉到底部，所以要切成小塊並淋上白蘭地後使用。

白蘭地戚風蛋糕

材料（直徑17cm的戚風蛋糕模具1個份）

蛋（M尺寸）… 4個（240g）

砂糖（打蛋白用）… 35g

砂糖（打蛋黃用）… 35g

低筋麵粉 … 80g

白蘭地 … 60㎖

香草油 … 5滴

水果乾（葡萄乾、柳橙皮、蔓越莓乾
等）… 70g

事前準備

＊ 將烤箱預熱至160℃。

＊ 將蛋的蛋白和蛋黃分別打入較大的
調理盆中。

＊ 用菜刀將水果乾切碎，淋上1大匙
白蘭地（分量外）靜置15分鐘。

作法

1 在蛋白中加入砂糖，用手持
式電動攪拌器以高速打發成尖角
挺立的蛋白霜。

2 在蛋黃中加入砂糖，用手持
式電動攪拌器以低速攪打至泛白
為止。

3 在2中加入白蘭地和香草
油，用手持式電動攪拌器以低速
混拌。

4 將低筋麵粉過篩加入3中。
用手持式電動攪拌器以低速攪
拌，再用橡皮刮刀攪拌均勻。

5 將一半分量的1的蛋白霜加
入4中攪拌混合。

6 將5倒入蛋白霜的調理盆
中，並加入切碎的水果乾。以不
會壓破氣泡的方式混拌。

7 將麵糊倒入戚風蛋糕的模具
裡。

8 放入160℃的烤箱中烘烤40
分鐘。烤到約7分熟時，在蛋糕
表面劃入4道切痕。

9 烤好後倒扣放置冷卻。

10 放涼後將蛋糕脫模。

將水果乾切碎
成3mm，淋上白
蘭地讓風味充
分滲透。

基本戚風蛋糕
加水的步驟，
在這個食譜是
改為加入白蘭
地。

堅果楓糖戚風蛋糕

楓糖粒中帶有楓樹的獨特甘甜香氣。
為了不讓堅果沉到麵糊底部，一定要
切碎後再加入。

材料（直徑17cm的戚風蛋糕模具1個份）

蛋（M尺寸）⋯4個（240g）

楓糖粒（打蛋白用）⋯35g

楓糖粒（打蛋黃用）⋯35g

低筋麵粉⋯80g

水⋯60㎖

綜合堅果⋯35g

事前準備

* 如果是未經烘烤的綜合生堅
　果，就攤開在烤盤上，用170
　℃烘烤10分鐘。放涼之後再切
　碎。

* 將烤箱預熱至160℃。

* 將蛋的蛋白和蛋黃分別打入較
　大的調理盆中。

作法

1 在蛋白中加入楓糖粒，用手
持式電動攪拌器以高速打發成
尖角挺立的蛋白霜。

2 在蛋黃中加入楓糖粒，用手
持式電動攪拌器以低速攪打至
泛白為止。

3 在**2**中加入水，用手持式電
動攪拌器以低速混拌。

4 將低筋麵粉過篩加入**3**中。
用手持式電動攪拌器以低速攪
拌，再用橡皮刮刀攪拌均勻。

5 將一半分量的**1**的蛋白霜加
入**4**中攪拌混合。

6 將**5**倒入蛋白霜的調理盆
中，並加入切碎的綜合堅果，
以不會壓破氣泡的方式混拌。

7 將麵糊倒入戚風蛋糕的模具
裡。

8 放入160℃的烤箱中烘烤
40分鐘。烤到約7分熟時，在
蛋糕表面劃入4道切痕。

9 烤好後倒扣放置冷卻。

10 放涼後將蛋糕脫模。

| 1人份 1/8個 |

使用油的食譜　　　無油的食譜

210 kcal → **140** kcal

堅果在製作麵
糊的最後步驟
6、混拌蛋白
霜時再加入。

材料（直徑17cm的戚風蛋糕模具1個份）

蛋（M尺寸）… 4個（240g）

砂糖（打蛋白用）… 35g

可爾必思 … 70g

檸檬汁 … 1大匙

磨碎的檸檬皮 … 適量

低筋麵粉 … 80g

事前準備

＊ 將烤箱預熱至160℃。

＊ 將蛋的蛋白和蛋黃分別打入較大的調理盆中。。

作法

1 在蛋白中加入砂糖，用手持式電動攪拌器以高速打發成尖角挺立的蛋白霜。

2 在蛋黃中加入可爾必思、檸檬汁和磨碎的檸檬皮，用手持式電動攪拌器以低速攪打至泛白為止。

3 將低筋麵粉過篩加入2中。用手持式電動攪拌器以低速攪拌，再用橡皮刮刀攪拌均勻。

4 將一半分量的1的蛋白霜加入3中攪拌混合。

5 將4倒入蛋白霜的調理盆

中，以不會壓破氣泡的方式混拌。

6 將麵糊倒入戚風蛋糕的模具裡。

7 放入160℃的烤箱中烘烤40分鐘。烤到約7分熟時，在蛋糕表面劃入4道切痕。

8 烤好後倒扣放置冷卻。

9 放涼後將蛋糕脫模。

可爾必思戚風蛋糕

利用可爾必思來調味。因為已經是甜的了，所以不需在蛋黃中加入砂糖。

在蛋黃中加入可爾必思代替砂糖。

1人份 1/8個

使用油的食譜　　無油的食譜

160 kcal → **124** kcal

抹茶栗子戚風蛋糕

材料（直徑17cm的戚風蛋糕模具1個份）

蛋（M尺寸）… 4個（240g）

砂糖（打蛋白用）… 35g

砂糖（打蛋黃用）… 35g

低筋麵粉 … 80g

抹茶粉 … 10g

水 … 60㎖

栗子甘露煮（瓶裝）… 50g

◎優格奶油霜

　　原味優格 … 400g

　　砂糖 … 60g

　　香草油 … 5滴

顆粒紅豆餡 … 160g

抹茶粉很容易結塊，所以要事先和低筋麵粉一起過篩一次，加入麵糊中時，也要一邊過篩一邊加入。

事前準備

* 將優格放進鋪好廚房紙巾的網篩後包起來，放進冰箱半天。換上新的廚房紙巾後，再放進冰箱半天，徹底去除水分。
* 將烤箱預熱至160℃。
* 將蛋的蛋白和蛋黃分別打入較大的調理盆中。
* 將低筋麵粉和抹茶粉一起用細孔網篩過篩。
* 將栗子甘露煮切碎。

低筋麵粉和抹茶粉要事先混合過篩一次，加入麵糊中時，再過篩一次。

切碎的栗子甘露煮在製作麵糊的最後步驟、混拌蛋白霜時再加入。

作法

1 在蛋白中加入砂糖，用手持式電動攪拌器以高速打發成尖角挺立的蛋白霜。

2 在蛋黃中加入砂糖，用手持式電動攪拌器以低速攪打至泛白為止。

3 將水加入**2**中，用手持式電動攪拌器以低速攪拌。

4 將粉類（低筋麵粉和抹茶粉）過篩加入**3**中。用手持式電動攪拌器以低速攪拌，再用橡皮刮刀攪拌均勻。

5 將一半分量的**1**的蛋白霜加入**4**中攪拌混合。

6 將**5**倒入蛋白霜的調理盆中，並加入切碎的栗子。以不會壓破氣泡的方式混拌。

7 將麵糊倒入戚風蛋糕的模具裡。

8 放入160℃的烤箱中烘烤40分鐘。烤到約7分熟時，在蛋糕表面劃入4道切痕。

9 烤好後倒扣放置冷卻。

10 製作優格奶油霜。在去除水分的優格中加入砂糖、香草油攪拌。

11 戚風蛋糕冷卻後脫模，切分成8等分。盛入容器中，淋上**10**的優格奶油霜，並附上顆粒紅豆餡，可依個人喜好再附上栗子甘露煮（分量外）。

使用2個紅茶茶包製作1個
戚風蛋糕。1個泡出香濃的
紅茶液，1個則是將茶葉加
入麵糊中。

糖漬檸檬紅茶戚風蛋糕

材料（直徑17cm的戚風蛋糕模具1個份）

蛋（M尺寸）… 4個（240g）

砂糖（打蛋白用）… 35g

砂糖（打蛋黃用）… 35g

低筋麵粉 … 80g

熱水 … 70ml

紅茶茶包（伯爵茶）… 2個

糖漬檸檬皮 … 20g

事前準備

* 將烤箱預熱至160℃。
* 將蛋的蛋白和蛋黃分別打入較大的調理盆中。
* 將1個紅茶茶包放入熱水中泡出濃茶，取60ml的紅茶液備用。
* 剩下的另一個茶包剪開，取出裡面的茶葉。
* 將糖漬檸檬皮切成碎末。

作法

1 在蛋白中加入砂糖，用手持式電動攪拌器以高速打發成尖角挺立的蛋白霜。

2 在蛋黃中加入砂糖，用手持式電動攪拌器以低速攪打至泛白為止。

3 在2中加入紅茶液和茶包中的茶葉，用手持式電動攪拌器以低速混拌。

4 將低筋麵粉過篩加入3中。用手持式電動攪拌器以低速攪拌，再用橡皮刮刀攪拌均勻。

5 將一半分量的1的蛋白霜加入4中攪拌混合。

6 將5倒入蛋白霜的調理盆中，並加入切碎的糖漬檸檬皮，以不會壓破氣泡的方式混拌。

7 將麵糊倒入戚風蛋糕的模具裡。

8 放入160℃的烤箱中烘烤40分鐘。烤到約7分熟時，在蛋糕表面劃入4道切痕。

9 烤好後倒扣放置冷卻。

10 放涼後將蛋糕脫模。

以紅茶液取代水加入蛋黃糊中。並同時加入從茶包取出的茶葉。

切碎的糖漬檸檬皮在製作麵糊的最後一個步驟、混拌蛋白霜時加入。

三色戚風蛋糕

蛋糕體分成抹茶、覆盆子、香草3種顏色的戚風蛋糕。將加入粉類混拌好的麵糊和蛋白霜各取1/3，混合一種顏色的調味材料後依序倒入模具中，其實一點也不難。

材料（直徑17cm的戚風蛋糕模具1個份）

蛋（M尺寸）… 4個（240g）

砂糖（打蛋白用）… 35g

砂糖（打蛋黃用）… 35g

低筋麵粉 … 80g

水 … 60㎖

香草油 … 3滴

A｜覆盆子（新鮮或冷凍的）
　　… 25g
　｜檸檬汁 … 3滴

抹茶粉 … 1小匙

事前準備

* 將烤箱預熱至160℃。

* 將蛋的蛋白和蛋黃分別打入較大的調理盆中。

* 將抹茶粉用細孔網篩過篩2次備用。

作法

1 在蛋白中加入砂糖，用手持式電動攪拌器以高速打發成尖角挺立的蛋白霜。

2 在蛋黃中加入砂糖，用手持式電動攪拌器以低速攪打至泛白為止。

3 在**2**中加入水，用手持式電動攪拌器以低速混拌。

4 將低筋麵粉過篩加入**3**中。用手持式電動攪拌器以低速攪拌，再用橡皮刮刀攪拌均勻。

5 在較小的調理盆中，依序放入80g步驟**4**的麵糊、香草油、1/3分量的步驟**1**的蛋白霜，混拌，倒入模具中。

6 在較小的調理盆中，依序放入80g步驟**4**的麵糊、**A**、一半分量的剩餘蛋白霜，混拌，倒在**5**上。

7 在較小的調理盆中，依序放入剩餘的麵糊、抹茶粉、剩餘蛋白霜，混拌，倒在**6**上。

8 放入160℃的烤箱中烘烤40分鐘。烤到約7分熟時，在蛋糕表面劃入4道切痕。

9 烤好後倒扣放置冷卻。

10 放涼後將蛋糕脫模。

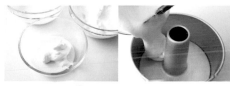

依序在80g麵糊裡加入香草油、1/3分量的蛋白霜，混合製作香草口味麵糊，倒入模具中。

在80g麵糊裡加入覆盆子和檸檬汁混拌，再加入一半分量的剩餘蛋白霜，混合製作第二層的覆盆子口味麵糊。

在剩餘的麵糊裡加入抹茶粉混拌後，加入剩餘蛋白霜，混合製作第三層的抹茶麵糊。

苦甜巧克力
戚風蛋糕

材料（直徑17cm的戚風蛋糕模具1個份）

蛋（M尺寸）… 4個（240g）

砂糖（打蛋白用）… 35g

砂糖（打蛋黃用）… 35g

低筋麵粉 … 35g

可可粉 … 25g

水 … 60mℓ

◎巧克力糖霜

> 糖粉 … 60g
>
> 可可粉 … 22g
>
> 牛奶 … 4大匙

◎牛奶糖霜

> 糖粉 … 3大匙
>
> 牛奶 … 1小匙

銀色糖珠、冷凍乾燥覆盆子
　… 各適量

可可粉很容易使蛋白霜消泡，所以訣竅就是快速混拌後倒入模具中，馬上放進烤箱烘烤。

事前準備

* 將烤箱預熱至160℃。
* 將蛋的蛋白和蛋黃分別打入較大的調理盆中。

作法

1 在蛋白中加入砂糖,用手持式電動攪拌器以高速打發成尖角挺立的蛋白霜。

2 在蛋黃中加入砂糖,用手持式電動攪拌器以低速攪打至泛白為止。

3 在**2**中加入水,用手持式電動攪拌器以低速混拌。

4 將低筋麵粉和可可粉一起過篩加入**3**中。用手持式電動攪拌器以低速攪拌,再用橡皮刮刀攪拌均勻。

5 將一半分量的**1**的蛋白霜加入**4**中攪拌混合。

6 將**5**倒入蛋白霜的調理盆中,以不會壓破氣泡的方式混拌。

7 將麵糊倒入戚風蛋糕的模具裡。

8 放入160℃的烤箱中烘烤40分鐘。烤到約7分熟時,在蛋糕表面劃入4道切痕。

9 烤好後倒扣放置冷卻。

10 在較小的調理盆中放入巧克力糖霜的材料混合,用橡皮刮刀攪拌。如果質地太濃稠,可加入少許牛奶稀釋。

11 在另一個小調理盆中放入牛奶糖霜的材料混合,並用橡皮刮刀充分攪拌均勻。

12 戚風蛋糕冷卻後脫模。抹上巧克力糖霜後再擠上牛奶糖霜裝飾。最後撒上銀色糖珠和冷凍乾燥覆盆子。

使用油的食譜　　　無油的食譜

1人份 1/8個　**225** kcal → **156** kcal

在加入低筋麵粉時,也將可可粉一起過篩加入麵糊中。

只要混合攪拌糖粉、可可粉、牛奶,即可完成巧克力糖霜。

水果戚風蛋糕

加入水果風味的戚風蛋糕。享受選用當季食材的樂趣。

呈現漂亮的粉紅色，充滿草莓香氣的
戚風蛋糕。在蛋黃中加入砂糖混合
後，再加入果泥狀的草莓等，充分攪
拌在一起。

草莓戚風蛋糕

1人份 1/8個　**166** kcal　→　**133** kcal

材料（直徑17cm的戚風蛋糕模具1個份）

蛋（M尺寸）… 4個（240g）

砂糖（打蛋白用）… 35g

砂糖（打蛋黃用）… 35g

低筋麵粉 … 80g

草莓 … 100g

檸檬汁 … 1小匙

A｜草莓粉 … 2大匙
　｜水　 1小匙

事前準備

* 將烤箱預熱至160℃。
* 將蛋的蛋白和蛋黃分別打入較大的調理盆中。
* 用食物調理機將草莓攪打成果泥狀（如果是使用冷凍草莓，解凍後用手持式電動攪拌器和蛋一起打散就可以了）。
* 將A混拌。

作法

1 在蛋白中加入砂糖，用手持式電動攪拌器以高速打發成尖角挺立的蛋白霜。

2 在蛋黃中加入砂糖，用手持式電動攪拌器以低速攪打至泛白為止。加入草莓果泥、檸檬汁和A，攪拌均勻。

3 將低筋麵粉過篩加入2中。用手持式電動攪拌器以低速攪拌，再用橡皮刮刀攪拌均勻。

4 將一半分量的1的蛋白霜加入3中攪拌混合。

5 將4倒入蛋白霜的調理盆中，以不會壓破氣泡的方式混拌。

6 將麵糊倒入戚風蛋糕的模具裡。

7 放入160℃的烤箱中烘烤40分鐘。烤到約7分熟時，在蛋糕表面劃入4道切痕。

8 烤好後倒扣放置冷卻。

9 放涼後將蛋糕脫模。

草莓粉。用來呈現漂亮的粉紅色。先以水充分溶解後再使用。

請使用完全熟成的香蕉，用手持式電動攪拌器以低速攪打至果泥狀。

香蕉戚風蛋糕

1人份 1/8個　**170** kcal → **124** kcal

材料（直徑17cm的戚風蛋糕模具1個份）

蛋（M尺寸）… 4個（240g）

砂糖（打蛋白用）… 35g

砂糖（打蛋黃用）… 35g

低筋麵粉 … 80g

香蕉 … 1根（去皮後80g）

水 … 40mℓ

事前準備

＊ 將烤箱預熱至160℃。

＊ 將蛋的蛋白和蛋黃分別打入較大的調理盆中。

＊ 將香蕉去皮。

作法

1 在蛋白中加入砂糖，用手持式電動攪拌器以高速打發成尖角挺立的蛋白霜。

2 在蛋黃中加入砂糖，用手持式電動攪拌器以低速攪打至泛白為止。

3 將剝成一口大小的香蕉和水加入2中，用手持式電動攪拌器以低速充分攪打至質地變得滑順為止。

4 將低筋麵粉過篩加入3中。用手持式電動攪拌器以低速攪拌，再用橡皮刮刀攪拌均勻。

5 將一半分量的1的蛋白霜加入4中攪拌混合。

6 將5倒入蛋白霜的調理盆中，以不會壓破氣泡的方式混拌。

7 將麵糊倒入戚風蛋糕的模具裡（這次是使用紙製模具）。

8 放入160℃的烤箱中烘烤40分鐘。烤到約7分熟時，在蛋糕表面劃入4道切痕。

9 烤好後倒扣放置冷卻。

10 放涼後將蛋糕脫模。

將香蕉剝成小塊，在步驟3中直接加入麵糊裡即可。

利用紙製模具烘烤時，因為圓筒部分不具支撐力，所以在中央的空洞處插入瓶子，倒置冷卻。

鳳梨戚風蛋糕

將鳳梨切碎後用烤箱烘烤，去除水分後再使用。若使用鳳梨罐頭，烘烤時間約是20分鐘。

材料（直徑17cm的戚風蛋糕模具1個份）

蛋（M尺寸）… 4個（240g）

砂糖（打蛋白用）… 35g

砂糖（打蛋黃用）… 35g

低筋麵粉 … 80g

A｜　水 … 30㎖
　｜　檸檬汁 … 2大匙

鳳梨 … 200g

事前準備

＊將鳳梨切成粗末，用廚房紙巾擦乾水分。排放在烤盤上用160℃烘烤30分鐘。

＊將烤箱預熱至160℃。

＊將蛋的蛋白和蛋黃分別打入較大的調理盆中。

作法

1 在蛋白中加入砂糖，用手持式電動攪拌器以高速打發成尖角挺立的蛋白霜。

2 在蛋黃中加入砂糖，用手持式電動攪拌器以低速攪打至泛白為止。

3 將A加入2中，用手持式電動攪拌器以低速攪拌。

4 將低筋麵粉過篩加入3中。用手持式電動攪拌器以低速攪拌，再用橡皮刮刀攪拌均勻。

5 將一半分量的1的蛋白霜加入4中攪拌混合。

6 將5倒入蛋白霜的調理盆中，再加入烘烤過的鳳梨，以不會壓破氣泡的方式混拌。

7 將麵糊倒入戚風蛋糕的模具裡。

8 放入160℃的烤箱中烘烤40分鐘。烤到約7分熟時，在蛋糕表面劃入4道切痕。

9 烤好後倒扣放置冷卻。

10 放涼後將蛋糕脫模。

材料（直徑17cm的戚風蛋糕模具1個份）

蛋（M尺寸）… 4個（240g）

砂糖（打蛋白用）… 35g

砂糖（打蛋黃用）… 35g

低筋麵粉 … 80g

芒果果肉 … 90g

檸檬汁 … 2小匙

芒果乾 … 30g

作法

1 在蛋白中加入砂糖，用手持式電動攪拌器以高速打發成尖角挺立的蛋白霜。

2 在蛋黃中加入砂糖，用手持式電動攪拌器以低速攪打至泛白為止。

3 將芒果果泥和檸檬汁加入 **2** 中，用手持式電動攪拌器以低速攪拌至質地變得柔軟滑順。

4 將低筋麵粉過篩加入 **3** 中。用手持式電動攪拌器以低速攪拌，再用橡皮刮刀攪拌均勻。

5 將一半分量的 **1** 的蛋白霜加

事前準備

＊ 將烤箱預熱至160℃。

＊ 將蛋的蛋白和蛋黃分別打入較大的調理盆中。

＊ 用食物調理機將芒果攪打成果泥狀。

＊ 用料理剪刀將芒果乾剪碎。

入 **4** 中攪拌混合。

6 將 **5** 倒入蛋白霜的調理盆中，再加入剪碎的芒果乾，以不會壓破氣泡的方式混拌。

7 將麵糊倒入戚風蛋糕的模具裡。

8 放入160℃的烤箱中烘烤40分鐘。烤到約7分熟時，在蛋糕表面劃入4道切痕。

9 烤好後倒扣放置冷卻。

10 放涼後將蛋糕脫模。

芒果戚風蛋糕

使用新鮮芒果和芒果乾。也可以用冷凍芒果代替新鮮芒果。放上花朵形狀的棉花糖裝飾。

1人份 1/8個

使用油的食譜

170 kcal

→

無油的食譜

137 kcal

栗子戚風蛋糕

用栗子醬做成的戚風蛋糕。製作栗子卡士達醬和蒙布朗用的栗子奶油霜，做出蒙布朗般的感覺。

材料（直徑17cm的戚風蛋糕模具1個份）

蛋（M尺寸）… 4個（240g）

砂糖（打蛋白用）… 35g

砂糖（打蛋黃用）… 10g

低筋麵粉 … 80g

栗子醬 … 100g

A｜　水 … 60mℓ
　｜　蘭姆酒 … 20mℓ

糖煮栗子 … 50g

◎栗子卡士達醬

　蛋黃 … 1個份

　砂糖 … 35g

　低筋麵粉 … 23g

　栗子醬 … 50g

　牛奶 … 220mℓ

　香草油 … 3滴

　蘭姆酒 … 適量

◎蒙布朗栗子奶油霜

　栗子醬 … 160g

　牛奶 … 2大匙

　蘭姆酒 … 1大匙

事前準備

* 將烤箱預熱至160℃。
* 將蛋的蛋白和蛋黃分別打入較大的調理盆中。
* 將糖煮栗子切碎。

作法

1 在蛋白中加入砂糖，用手持式電動攪拌器以高速打發成尖角挺立的蛋白霜。

2 在蛋黃中加入砂糖，用手持式電動攪拌器以低速攪打至泛白為止。

3 將栗子醬和**A**加入**2**中，用手持式電動攪拌器以低速攪拌至質地變得柔軟滑順。

4 將低筋麵粉過篩加入**3**中。用手持式電動攪拌器以低速攪拌，再用橡皮刮刀攪拌均勻。

5 將一半分量的**1**的蛋白霜加入**4**中攪拌混合。

6 將**5**倒入蛋白霜的調理盆中，再加入切碎的糖煮栗子。以不會壓破氣泡的方式混拌。

7 將麵糊倒入戚風蛋糕的模具裡。

8 放入160℃的烤箱中烘烤40分鐘。烤到約7分熟時，在蛋糕表面劃入4道切痕。

9 烤好後倒扣放置冷卻。

10 製作栗子卡士達醬。在調理盆中放入蛋黃、砂糖、低筋麵粉、栗子醬，取20㎖的牛奶加入，用打蛋器以磨拌的方式攪拌，再加入剩餘的牛奶攪拌。倒入鍋子裡開中火加熱，並用橡皮刮刀攪拌至沸騰為止。關火後，加入香草油和蘭姆酒攪拌，倒入淺盤中，在卡士達醬表面緊貼覆上保鮮膜放涼。

11 製作蒙布朗栗子奶油霜。將所有材料放入調理盆中，攪拌至質地變得柔軟滑順為止。

12 戚風蛋糕冷卻後脫模，切成8等分。將蛋糕放到盤子上，在中央劃出缺口，用星形花嘴擠出栗子卡士達醬當夾餡。上方再以蒙布朗花嘴擠出的蒙布朗栗子奶油霜和栗子甘露煮（分量外）裝飾。

※栗子醬（paste）是栗子用網篩過濾後加入砂糖的產品，很容易和無糖栗子泥（purée）、栗子奶油（crème de marrons）等搞錯，購買時要多加留意。糖煮栗子的話，可在烘焙材料店以較便宜的價格買到不是整顆栗子的碎塊。

在步驟**3**中，用手持式電動攪拌器的攪拌頭以要將栗子醬打散的感覺慢慢攪拌。

在步驟**10**中，將卡士達醬加熱至沸騰為止。

香橙戚風蛋糕

柳橙會連皮都加入蛋糕裡，所以請盡可能選擇國產的。清見柑、臍橙以外，也很推薦日本黃柚子或醋橘。

材料（直徑17cm的戚風蛋糕模具1個份）

蛋（M尺寸）… 4個（240g）

砂糖（打蛋白用）… 35g

砂糖（打蛋黃用）… 35g

低筋麵粉 … 80g

柳橙 … 1個

◎糖煮橙皮

　　柳橙皮 … 1/2個份

　　水 … 50ml

　　砂糖 … 1大匙

事前準備

* 將烤箱預熱至160℃。

* 將蛋的蛋白和蛋黃分別打入較大的調理盆中。

* 將柳橙切成一半擠出果汁，再挖出果肉補到65g。不夠的話就加水補足。

* 製作糖煮橙皮。將柳橙皮切碎，用水和砂糖熬煮至水分收乾。放涼後用廚房紙巾包裹起來，吸除多餘的汁液。

作法

1 在蛋白中加入砂糖，用手持式電動攪拌器以高速打發成尖角挺立的蛋白霜。

2 在蛋黃中加入砂糖，用手持式電動攪拌器以低速攪打至泛白為止。

3 將擠出的柳橙汁和果肉加入**2**中，用手持式電動攪拌器以低速攪拌。

4 將低筋麵粉過篩加入**3**中。用手持式電動攪拌器以低速攪拌，再用橡皮刮刀攪拌均勻。

5 將一半分量的**1**的蛋白霜加入**4**中攪拌混合。

6 將**5**倒入蛋白霜的調理盆中，再加入糖煮橙皮。以不會壓破氣泡的方式混拌。

7 將麵糊倒入戚風蛋糕的模具裡。

8 放入160℃的烤箱中烘烤40分鐘。烤到約7分熟時，在蛋糕表面劃入4道切痕。

9 烤好後倒扣放置冷卻。

10 放涼後將蛋糕脫模。

將柳橙擠出果汁，並加入果肉，只留下皮。不夠的話，就加水補足到65g。

糖煮橙皮。將切碎的柳橙皮用砂糖和水熬煮至水分收乾。

加入蔬菜

活用菠菜和南瓜等蔬菜的自然顏色與風味。

將菠菜用菜刀切碎後，以研磨缽磨碎，做成菠菜泥。建議選擇生菜沙拉用、澀味較不明顯的。

菠菜戚風蛋糕

1人份 1/8個　163 kcal → 117 kcal

材料（直徑17cm的戚風蛋糕模具1個份）

蛋（M尺寸）… 4個（240g）

砂糖（打蛋白用）… 35g

砂糖（打蛋黃用）… 35g

低筋麵粉 … 80g

生菜沙拉用的菠菜 … 50g

水 … 40㎖

香草油 … 5滴

事前準備

＊ 將烤箱預熱至160℃。

＊ 將蛋的蛋白和蛋黃分別打入較大的
調理盆中。

＊ 將菠菜切成碎末，放入研磨鉢後加
水，充分磨成泥狀。

作法

1 在蛋白中加入砂糖，用手持式電動攪拌器以高速打發成尖角挺立的蛋白霜。

2 在蛋黃中加入砂糖，用手持式電動攪拌器以低速攪打至泛白為止。

3 將菠菜泥、香草油加入**2**中，用手持式電動攪拌器以低速攪拌。

4 將低筋麵粉過篩加入**3**中。用手持式電動攪拌器以低速攪拌，再用橡皮刮刀攪拌均勻。

5 將一半分量的**1**的蛋白霜加入**4**中攪拌混合。

6 將**5**倒入蛋白霜的調理盆中。以不會壓破氣泡的方式混拌。

7 將麵糊倒入戚風蛋糕的模具裡。

8 放入160℃的烤箱中烘烤40分鐘。烤到約7分熟時，在蛋糕表面劃入4道切痕。

9 烤好後倒扣放置冷卻。

10 放涼後將蛋糕脫模。

比起使用食物調理機，用研磨鉢仔細磨碎的菠菜能夠烤出更鮮豔的顏色。

將菠菜泥加入蛋黃糊的調理盆中。

玉米戚風蛋糕

材料（直徑17cm的戚風蛋糕模具1個份）

蛋（M尺寸）… 4個（240g）

砂糖（打蛋白用）… 35g

砂糖（打蛋黃用）… 35g

水 … 60ml

玉米粉 … 80g

玉米粒（罐頭）… 50g

事前準備

＊將玉米粒鋪在烤盤上，用180℃烘烤10分鐘後放涼。

＊將烤箱預熱至160℃。

＊將蛋的蛋白和蛋黃分別打入較大的調理盆中。

作法

1 在蛋白中加入砂糖，用手持式電動攪拌器以高速打發成尖角挺立的蛋白霜。

2 在蛋黃中加入砂糖，用手持式電動攪拌器以低速攪打至泛白為止。

3 將水加入**2**中，用手持式電動攪拌器以低速攪拌。

4 將玉米粉過篩加入**3**中。用手持式電動攪拌器以低速攪拌，再用橡皮刮刀攪拌均勻。

5 將一半分量的**1**的蛋白霜加入**4**中攪拌混合。

6 將**5**倒入蛋白霜的調理盆中，再加入玉米粒。以不會壓破氣泡的方式混拌。

7 將麵糊倒入戚風蛋糕的模具裡。

8 放入160℃的烤箱中烘烤40分鐘。烤到約7分熟時，在蛋糕表面劃入4道切痕。

9 烤好後倒扣放置冷卻。

10 放涼後將蛋糕脫模。

1人份 1/8個

使用油的食譜　無油的食譜

202 kcal → **121** kcal

使用將玉米細細磨碎製成的玉米粉，再加入玉米粒。特色是蓬鬆柔軟的口感和充滿玉米溫和的香氣。

材料（直徑17cm的戚風蛋糕模具1個份）

蛋（M尺寸）… 4個（240g）

砂糖（打蛋白用）… 35g

砂糖（打蛋黃用）… 35g

低筋麵粉 … 80g

肉桂粉 … 適量

南瓜（冷凍或新鮮的皆可）… 90g
　　（去皮後的淨重）

水 … 70ml

事前準備

＊將南瓜切成一口大小。放入調
　理盆中蓋上保鮮膜，用微波爐
　（700W）加熱約3分鐘後，壓
　成泥狀。

＊將烤箱預熱至160℃。

＊將蛋的蛋白和蛋黃分別打入較
　大的調理盆中。

作法

1　在蛋白中加入砂糖，用手持
式電動攪拌器以高速打發成尖
角挺立的蛋白霜。

2　在蛋黃中加入砂糖，用手持
式電動攪拌器以低速攪打至泛
白為止。

3　將南瓜泥和水加入2中，
用手持式電動攪拌器以低速攪
拌。

4　將低筋麵粉和肉桂粉一起過
篩加入3中。用手持式電動攪
拌器以低速攪拌，再用橡皮刮
刀攪拌均勻。

5　將一半分量的1的蛋白霜加
入4中攪拌混合。

6　將5倒入蛋白霜的調理盆
中。以不會壓破氣泡的方式混
拌。

7　將麵糊倒入戚風蛋糕的模具
裡。

8　放入160℃的烤箱中烘烤
40分鐘。烤到約7分熟時，在
蛋糕表面劃入4道切痕。

9　烤好後倒扣放置冷卻。

10 放涼後將蛋糕脫模。

南瓜戚風蛋糕

只要使用顏色較深且鬆軟的南
瓜，就可以做出美味的蛋糕。若
是用冷凍南瓜，請先微波加熱約
5分鐘再使用。

1人份 1/8個

使用油的食譜		無油的食譜
202 kcal	→	**127** kcal

地瓜戚風蛋糕

材料（直徑17cm的戚風蛋糕模具1個份）

蛋（M尺寸）… 4個（240g）

砂糖（打蛋白用）… 35g

砂糖（打蛋黃用）… 35g

低筋麵粉 … 80g

地瓜（去皮水煮過）… 90g

水 … 60㎖

黑芝麻 … 10g

香草油 … 5滴

◎地瓜卡士達醬

　蛋黃 … 1個份

　砂糖 … 13g

　低筋麵粉 … 35g

　地瓜泥（去皮水煮過濾後）
　　… 50g

　牛奶 … 150㎖

　香草油 … 適量

　肉桂粉 … 適量

將地瓜的皮厚厚削去一層，煮軟後加入蛋糕中。這份食譜在最後抹了地瓜卡士達醬裝飾，但不抹也可以。

42

事前準備

* 將地瓜皮厚厚削去一層，水煮至變軟後撈起，瀝乾水分。總共需要140g煮好的地瓜。
* 將烤箱預熱至160℃。
* 將蛋的蛋白和蛋黃分別打入較大的調理盆中。

塗抹卡士達醬時，從側邊開始抹。沒有抹刀的話，可以使用吃西餐用的餐刀。

側面抹好之後再抹表面。訣竅是不要太過追求完美。

作法

1 在蛋白中加入砂糖，用手持式電動攪拌器以高速打發成尖角挺立的蛋白霜。

2 在蛋黃中加入砂糖，用手持式電動攪拌器以低速攪打至泛白為止。

3 將煮好的地瓜和水加入**2**中，用手持式電動攪拌器以低速攪拌。

4 將低筋麵粉過篩加入**3**中，再加入香草油。用手持式電動攪拌器以低速攪拌，再用橡皮刮刀攪拌均勻。

5 將一半分量的**1**的蛋白霜加入**4**中攪拌混合。

6 將**5**倒入蛋白霜的調理盆中，再加入黑芝麻。以不會壓破氣泡的方式混拌。

7 將麵糊倒入戚風蛋糕的模具裡。

8 放入160℃的烤箱中烘烤40分鐘。烤到約7分熟時，在蛋糕表面劃入4道切痕。

9 烤好後倒扣放置冷卻。

10 製作地瓜卡士達醬。將蛋黃、砂糖、低筋麵粉和地瓜泥放入調理盆中，取20㎖的牛奶加入攪拌。加入剩下的牛奶並倒入鍋中。開中火加熱，一邊刮拌一邊熬煮。煮到沸騰且產生黏稠感後就關火，加入香草油和肉桂粉攪拌。倒入淺盤中，在卡士達醬表面緊貼覆上保鮮膜放涼。

11 9、10都放涼後，將蛋糕脫模並塗抹卡士達醬。

減少砂糖的量並加入
鹽，很適合當作正餐的
戚風蛋糕。也可以夾入
生火腿和番茄等配料享
用。

黑胡椒橄欖戚風蛋糕

1人份 1/8個 ‖ 186 kcal → 122 kcal

材料（直徑17cm的戚風蛋糕模具1個份）

蛋（M尺寸）… 4個（240g）

砂糖（打蛋白用）… 35g

砂糖（打蛋黃用）… 10g

A 低筋麵粉 … 80g

　　鹽 … 4g

黑胡椒 … 2小匙

水 … 60mℓ

黑橄欖 … 25g

事前準備

* 將烤箱預熱至160℃。
* 將蛋的蛋白和蛋黃分別打入較大的調理盆中。
* 將黑橄欖切成碎末。

作法

1 在蛋白中加入砂糖，用手持式電動攪拌器以高速打發成尖角挺立的蛋白霜。

2 在蛋黃中加入砂糖，用手持式電動攪拌器以低速攪打至泛白為止。

3 將水加入**2**中，用手持式電動攪拌器以低速攪拌。

4 將黑胡椒加入**3**中，再將**A**篩入。用手持式電動攪拌器以低速攪拌，再用橡皮刮刀攪拌均勻。

5 將一半分量的**1**的蛋白霜加入**4**中攪拌混合。

6 將**5**倒入蛋白霜的調理盆中，再加入切碎的黑橄欖。以不會壓破氣泡的方式混拌。

7 將麵糊倒入戚風蛋糕的模具裡。

8 放入160℃的烤箱中烘烤40分鐘。烤到約7分熟時，在蛋糕表面劃入4道切痕。

9 烤好後倒扣放置冷卻。

10 放涼後將蛋糕脫模。

將水加入蛋黃糊攪拌後，加入黑胡椒。

將黑橄欖切碎，最後混拌蛋白霜時再加入。

咖哩粉很容易使蛋白
霜消泡，所以訣竅是
確實打發並快速攪
拌。

咖哩洋蔥戚風蛋糕

1人份 1/8個　182 kcal → 118 kcal

材料（直徑17cm的戚風蛋糕模具1個份）

蛋（M尺寸）… 4個（240g）

砂糖（打蛋白用）… 35g

砂糖（打蛋黃用）… 10g

A ┃ 低筋麵粉 … 50g
　┃ 玉米粉 … 25g
　┃ 咖哩粉 … 2小匙
　┃ 鹽　4g

水 … 60ml

洋蔥 … 50g

事前準備

* 將洋蔥切成粗末，放入耐高溫容器中，不需蓋上保鮮膜，用微波爐（700W）加熱3分鐘後放涼。

* 將烤箱預熱至160℃。

* 將蛋的蛋白和蛋黃分別打入較大的調理盆中。

* 將A混合後先過篩一次。

作法

1 在蛋白中加入砂糖，用手持式電動攪拌器以高速打發成尖角挺立的蛋白霜。

2 在蛋黃中加入砂糖，用手持式電動攪拌器以低速攪打至泛白為止。

3 將水加入2中，用手持式電動攪拌器以低速攪拌。

4 將A篩入3中，用手持式電動攪拌器以低速攪拌，再用橡皮刮刀攪拌均勻。

5 將一半分量的1的蛋白霜加入4中，快速攪拌混合。

6 將5倒入蛋白霜的調理盆中，再加入洋蔥末。以不會壓破氣泡的方式混拌。

7 將麵糊倒入戚風蛋糕的模具裡。

8 放入160℃的烤箱中烘烤40分鐘。烤到約7分熟時，在蛋糕表面劃入4道切痕。

9 烤好後倒扣放置冷卻。

10 放涼後將蛋糕脫模。

為了不讓洋蔥沉到麵糊底部，所以要切成粗末。洋蔥末微波加熱備用。

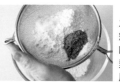

為了不讓咖哩粉結塊，將咖哩粉和其他粉類一起過篩備用。

變換粉類

使用高筋麵粉、米粉、糯米粉取代低筋麵粉。
能夠品嘗到和Q彈鬆軟不同的口感。

使用高筋麵粉，再現
蓬鬆但有筋性、吃起
來口感像卡斯提拉的
戚風蛋糕。

卡斯提拉戚風蛋糕

材料（直徑17cm的戚風蛋糕模具1個份）

蛋（M尺寸）… 4個（240g）

砂糖（打蛋白用）… 35g

砂糖（打蛋黃用）… 10g

蜂蜜 … 35g

高筋麵粉 … 80g

A｜　味醂 … 1大匙
　｜　水 … 25ml

粗糖粒 … 1又1/2大匙

事前準備

＊ 將烤箱預熱至160℃。

＊ 將蛋的蛋白和蛋黃分別打入較大的
　調理盆中。

作法

1 在蛋白中加入砂糖，用手持式電動攪拌器以高速打發成尖角挺立的蛋白霜。

2 在蛋黃中加入砂糖，用手持式電動攪拌器以低速攪打至泛白為止。

3 將A加入2中，用手持式電動攪拌器以低速攪拌。

4 將高筋麵粉篩入3中。用手持式電動攪拌器以低速攪拌，再用橡皮刮刀攪拌均勻。

5 將一半分量的1的蛋白霜加入4中攪拌混合。

6 將5倒入蛋白霜的調理盆中。以不會壓破氣泡的方式混拌。

7 將麵糊倒入戚風蛋糕的模具裡，撒上粗糖粒。

8 放入160℃的烤箱中烘烤40分鐘。烤到約7分熟時，在蛋糕表面劃入4道切痕。

9 烤好後倒扣放置冷卻。

10 放涼後將蛋糕脫模。

使用高筋麵粉製作。因為筋性較強，可以做成口感扎實的戚風蛋糕。

將麵糊倒入模具後，撒上粗糖粒。

在米粉中加入顆粒紅豆餡。用米粉做
的戚風蛋糕口感會較濕潤鬆軟。很適
合搭配日式風味的食材。

米粉紅豆戚風蛋糕

材料（直徑17cm的戚風蛋糕模具1個份）

蛋（M尺寸）… 4個（240g）

砂糖（打蛋白用）… 35g

米粉 … 80g

顆粒紅豆餡（罐頭）… 150g

水 … 45㎖

事前準備

＊ 將烤箱預熱至160℃。

＊ 將蛋的蛋白和蛋黃分別打入較大的調理盆中。

作法

1 在蛋白中加入砂糖，用手持式電動攪拌器以高速打發成尖角挺立的蛋白霜。

2 在蛋黃中加入顆粒紅豆餡和水，用手持式電動攪拌器以低速攪打。

3 將米粉篩入**2**中。用手持式電動攪拌器以低速攪拌，再用橡皮刮刀攪拌均勻。

4 將一半分量的**1**的蛋白霜加入**3**中攪拌混合。

5 將**4**倒入蛋白霜的調理盆中。以不會壓破氣泡的方式混拌。

6 將麵糊倒入戚風蛋糕的模具裡。

7 放入160℃的烤箱中烘烤40分鐘。烤到約7分熟時，在蛋糕表面劃入4道切痕。

8 烤好後倒扣放置冷卻。

9 放涼後將蛋糕脫模。

米粉不是用上新粉，一定要用烘焙專用的米粉。

顆粒紅豆餡的水分會因產品不同而有差異，請多留意。這份食譜是使用井村屋的產品。

利用製作和菓子的素材來做戚風蛋糕。因為黃豆粉很容易使蛋白霜消泡，所以蛋糕不會膨到那麼高。

米粉黃豆粉戚風蛋糕

1人份 1/8個　**202** kcal　→　**138** kcal

材料（直徑17cm的戚風蛋糕模具1個份）

蛋（M尺寸）… 4個（240g）

砂糖（打蛋白用）… 35g

砂糖（打蛋黃用）… 35g

A｜ 米粉 … 45g
　｜ 黃豆粉 … 35g

水 … 60ml

杏桃乾 … 50g

事前準備

* 將烤箱預熱至160℃。
* 將蛋的蛋白和蛋黃分別打入較大的調理盆中。
* 將A混合後先過篩一次。
* 將杏桃乾切碎。如果太硬的話，可以泡水約10分鐘，軟化後再切。

作法

1 在蛋白中加入砂糖，用手持式電動攪拌器以高速打發成尖角挺立的蛋白霜。

2 在蛋黃中加入砂糖，用手持式電動攪拌器以低速攪打至泛白為止。

3 將水加入2中，用手持式電動攪拌器以低速攪拌。

4 將A篩入3中。用手持式電動攪拌器以低速攪拌，再用橡皮刮刀攪拌均勻。

5 將一半分量的1的蛋白霜加入4中攪拌混合。

6 將5倒入蛋白霜的調理盆中，再加入杏桃乾。以不會壓破氣泡的方式混拌。

7 將麵糊倒入戚風蛋糕的模具裡。

8 放入160℃的烤箱中烘烤40分鐘。烤到約7分熟時，在蛋糕表面劃入4道切痕。

9 烤好後倒扣放置冷卻。

10 放涼後將蛋糕脫模。用茶篩撒上黃豆粉（分量外）。

將黃豆粉和米粉一起過篩後加入。

做出艾草餅般的戚風蛋糕。將乾
燥艾草泡水軟化，充分擰乾後使
用。

糯米粉艾草戚風蛋糕

1人份 1/8個　**182** kcal　→　**118** kcal

材料（直徑17cm的戚風蛋糕模具1個份）

蛋（M尺寸）… 4個（240g）

砂糖（打蛋白用）… 35g

砂糖（打蛋黃用）… 35g

糯米粉 … 85g

乾燥艾草 … 10g

水 … 60mℓ

事前準備

* 將烤箱預熱至160℃。
* 將蛋的蛋白和蛋黃分別打入較大的調理盆中。
* 將乾燥艾草用大量的水浸泡約5分鐘。放入茶篩中，用力擠乾去除水分。

作法

1 在蛋白中加入砂糖，用手持式電動攪拌器以高速打發成尖角挺立的蛋白霜。

2 在蛋黃中加入砂糖，用手持式電動攪拌器以低速攪打至泛白為止。

3 將水和擰乾水分的艾草加入2中，用手持式電動攪拌器以低速攪拌。

4 將糯米粉篩入3中。用手持式電動攪拌器以低速攪拌，再用橡皮刮刀攪拌均勻。

5 將一半分量的1的蛋白霜加入4中攪拌混合。

6 將5倒入蛋白霜的調理盆中。以不會壓破氣泡的方式混拌。

7 將麵糊倒入戚風蛋糕的模具裡。

8 放入160℃的烤箱中烘烤40分鐘。烤到約7分熟時，在蛋糕表面劃入4道切痕。

9 烤好後倒扣放置冷卻。

10 放涼後將蛋糕脫模。

將泡水軟化的艾草放入茶篩中，用橡皮刮刀用力擠壓出水分。

訣竅為將艾草的水分完全擠乾，使其變成乾乾鬆鬆的狀態。

為了不讓綜合果乾沉到蛋糕底部，先將其切碎。因為細椰絲很容易使蛋白霜消泡，所以請最後再加入並快速攪拌。

糯米粉椰絲果乾戚風蛋糕

材料（直徑17cm的戚風蛋糕模具1個份）

蛋（M尺寸）… 4個（240g）

砂糖（打蛋白用）… 35g

砂糖（打蛋黃用）… 35g

糯米粉 … 80g

水 … 60ml

細椰絲 … 1又1/2大匙

綜合熱帶水果乾 … 50g

事前準備

* 將烤箱預熱至160℃。
* 將蛋的蛋白和蛋黃分別打入較大的調理盆中。
* 用料理剪刀等將綜合熱帶水果乾剪碎。

作法

1 在蛋白中加入砂糖，用手持式電動攪拌器以高速打發成尖角挺立的蛋白霜。

2 在蛋黃中加入砂糖，用手持式電動攪拌器以低速攪打至泛白為止。

3 將水加入**2**中，用手持式電動攪拌器以低速攪拌。

4 將糯米粉篩入**3**中。用手持式電動攪拌器以低速攪拌，再用橡皮刮刀攪拌均勻。

5 將一半分量的**1**的蛋白霜加入**4**中攪拌混合。

6 將**5**倒入蛋白霜的調理盆中，再加入細椰絲和剪碎的綜合熱帶水果乾。以不會壓破氣泡的方式混拌。

7 將麵糊倒入戚風蛋糕的模具裡。

8 放入160℃的烤箱中烘烤40分鐘。烤到約7分熟時，在蛋糕表面劃入4道切痕。

9 烤好後倒扣放置冷卻。

10 放涼後將蛋糕脫模。

使用日本產糯米粉。

將綜合熱帶水果乾剪碎，最後混拌蛋白霜時再加入。

做出圖案

做出大理石或浪花紋、將兩種顏色的麵糊分開，或是用麵糊畫出圖案。外觀也令人驚豔的戚風蛋糕。

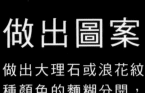

**南瓜黑可可
戚風蛋糕**

製作南瓜和黑可可兩種麵糊，交替倒入模具中，做出大理石花紋。使用顏色較深的南瓜可以烤出漂亮的顏色。

材料（直徑17cm的戚風蛋糕模具1個份）

蛋（M尺寸）… 4個（240g）

砂糖（打蛋白用）… 35g

砂糖（打蛋黃用）… 35g

低筋麵粉 … 80g

A｜ 南瓜（去皮）… 60g

　｜ 水 … 20ml

B｜ 純黑可可粉 … 4g

　｜ 水 … 10ml

水 … 60ml

事前準備

* 將南瓜放入耐高溫容器中並蓋上保鮮膜，用微波爐（700W）加熱2分鐘。取出加入A的水，攪拌後放涼。
* 將烤箱預熱至160℃。
* 將蛋的蛋白和蛋黃分別打入較大的調理盆中。
* 將B充分攪拌。

作法

1 在蛋白中加入砂糖，用手持式電動攪拌器以高速打發成尖角挺立的蛋白霜。

2 在蛋黃中加入砂糖，用手持式電動攪拌器以低速攪打至泛白為止。

3 將水加入2中，用手持式電動攪拌器以低速攪拌。

4 將低筋麵粉篩入3中。用手持式電動攪拌器以低速攪拌，再用橡皮刮刀攪拌均勻。

5 將2/3分量的4放到另一個調理盆中加入A，用手持式電動攪拌器以低速攪拌。加入2/3分量的蛋白霜，用橡皮刮刀混拌。

6 在剩下的4中加入B，用手持式電動攪拌器以低速攪拌。加入剩下的蛋白霜，以不會壓破氣泡的方式混拌。

7 將一半分量的5的南瓜麵糊倒入模具裡，在上面倒入一半分量的6的黑可可麵糊，剩下的麵糊也這樣交替倒入模具中，用筷子繞圈拉出大理石花紋。

8 放入160℃的烤箱中烘烤40分鐘。烤到約7分熟時，在蛋糕表面劃入4道切痕。

9 烤好後倒扣放置冷卻。

10 放涼後將蛋糕脫模。

將蛋黃糊分成1/3和2/3分量，3/2的麵糊和南瓜混合，1/3的麵糊加入純黑可可粉混合，做出兩種麵糊。

將南瓜麵糊和黑可可麵糊各半交替倒入模具中。

用筷子繞圈拉出線條就能做出大理石花紋。

波浪花紋的戚風蛋糕似乎又稱為斑馬戚風蛋糕。將兩種麵糊快速往上堆疊就能做出來。

焦糖斑馬紋
戚風蛋糕

材料（直徑17cm的戚風蛋糕模具1個份）

蛋（M尺寸）… 4個（240g）

砂糖（打蛋白用）… 35g

砂糖（打蛋黃用）… 35g

低筋麵粉 … 80g

香草油 … 5滴

◎焦糖醬

　　砂糖 … 20g

　　水 … 10㎖

　　熱水 … 20㎖

水 … 60㎖

事前準備

* 製作焦糖醬。在小鍋子中放入砂糖和水，開小火加熱。煮至變成深褐色（比製作布丁的焦糖醬時還要再深一點的顏色）後關火，倒入熱水。
* 將烤箱預熱至160℃。
* 將蛋的蛋白和蛋黃分別打入較大的調理盆中。

作法

1 在蛋白中加入砂糖，用手持式電動攪拌器以高速打發成尖角挺立的蛋白霜。

2 在蛋黃中加入砂糖，用手持式電動攪拌器以低速攪打至泛白為止。

3 將水加入**2**中，用手持式電動攪拌器以低速攪拌。

4 將低筋麵粉篩入**3**中，再加入香草油，用手持式電動攪拌器以低速攪拌，再用橡皮刮刀攪拌均勻。

5 將一半分量的**4**放到另一個調理盆中，加入焦糖醬混合。加入一半分量的蛋白霜混拌。

6 在剩下的**4**中加入剩餘的蛋白霜，以不會壓破氣泡的方式混拌。

7 在戚風蛋糕模具中央圓筒的兩側分別放入1大匙白色麵糊。接著在上面分別放上1大匙焦糖麵糊。重複交替放入白色麵糊和焦糖麵糊。

8 放入160℃的烤箱中烘烤40分鐘。烤到約7分熟時，在蛋糕表面劃入4道切痕。

9 烤好後倒扣放置冷卻。

10 放涼後將蛋糕脫模。

先在模具中放入1大匙香草麵糊，在對面位置也放入1大匙。接著分別在兩處各放上1大匙焦糖麵糊。

將兩種麵糊分別放入1大匙、交替往上疊。麵糊會因本身的重量而流淌至整個模具中。

持續放入直到麵糊用完為止。左圖為所有麵糊都放入模具的狀態。

先用原味麵糊在模具內
畫上圖案後稍微烤一
下，接著再倒入可可麵
糊。訣竅是在圖案烤好
的時間點再開始混拌蛋
白霜。

白花巧克力戚風蛋糕

1人份 1/8個　**168** kcal → **104** kcal

材料（直徑17cm的戚風蛋糕模具1個份）

蛋（M尺寸）… 4個（240g）

砂糖（打蛋白用）… 35g

砂糖（打蛋黃用）… 35g

低筋麵粉 … 45g

可可粉 … 12g

水 … 60㎖

事前準備

＊ 將烤箱預熱至140℃。

＊ 將蛋的蛋白和蛋黃分別打入較大的調理盆中。

＊ 裁剪烘焙紙並捲成圓錐狀，製作擠花袋（描繪圖案用）。

作法

1 在蛋白中加入砂糖，用手持式電動攪拌器以高速打發成尖角挺立的蛋白霜。

2 在蛋黃中加入砂糖，用手持式電動攪拌器以低速攪打至泛白為止。

3 將水加入2中，用手持式電動攪拌器以低速攪拌。

4 將低筋麵粉篩入3中，用手持式電動攪拌器以低速攪拌，再用橡皮刮刀攪拌均勻。

5 製作描繪圖案用的麵糊。取2大匙4的麵糊放到另一個調理盆中，再加入2大匙的蛋白霜混拌。

6 將5填入擠花袋中，在尖端剪出小缺口，依序在戚風蛋糕模具的底部和側面畫上花朵圖案。放入140℃的烤箱中烘烤3分鐘。

7 在剩下的4中加入可可粉，用手持式電動攪拌器以低速攪拌。將剩餘的蛋白霜分成3次加入，用橡皮刮刀以不會壓破氣泡的方式混拌。

8 將7倒入6的模具中。

9 放入160℃的烤箱中烘烤40分鐘。烤到約7分熟時，在蛋糕表面劃入4道切痕。

10 烤好後倒扣放置冷卻。

11 放涼後將蛋糕脫模。

在擠花袋中填入原味麵糊，在模具底部和側面描繪花朵圖案。因為麵糊較軟，所以適合簡單的圖案。

模具上的圖案烤好的樣子。表面凝固就可以。烤好後將底板放入模具中。

將可可麵糊倒入畫好圖案的模具裡。

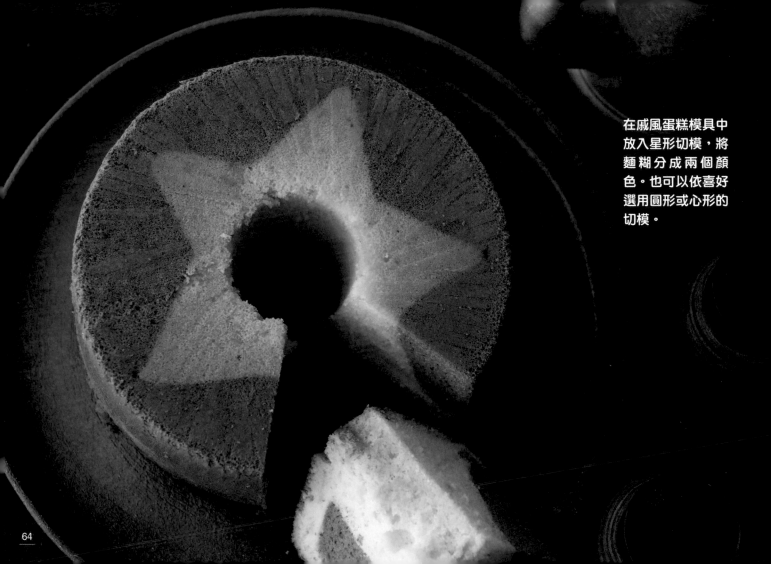

在戚風蛋糕模具中放入星形切模，將麵糊分成兩個顏色。也可以依喜好選用圓形或心形的切模。

抹茶星星戚風蛋糕

材料（直徑17cm的戚風蛋糕模具1個份）

蛋（M尺寸）… 4個（240g）

砂糖（打蛋白用）… 35g

砂糖（打蛋黃用）… 35g

低筋麵粉 … 37g

A 低筋麵粉 … 30g

　　抹茶粉 … 4g

水 … 60㎖

香草油 … 5滴

事前準備

＊ 將烤箱預熱至160℃。

＊ 將蛋的蛋白和蛋黃分別打入較大的調理盆中。

＊ 將**A**混合後過篩。

作法

1　在蛋白中加入砂糖，用手持式電動攪拌器以高速打發成尖角挺立的蛋白霜。

2　在蛋黃中加入砂糖，用手持式電動攪拌器以低速攪打至泛白為止。

3　將水加入**2**中，用手持式電動攪拌器以低速攪拌。

4　將一半分量的**3**放到另一個調理盆中。篩入低筋麵粉，加入香草油。用手持式電動攪拌器以低速攪拌，再用橡皮刮刀攪拌均勻。

5　將**A**篩入剩下的**3**中，以相同方式攪拌混合。

6　在**4**中加入一半的蛋白霜，用橡皮刮刀以不會壓破氣泡的方式快速混拌。

7　在**5**中加入剩下的蛋白霜，以不會壓破氣泡的方式快速混拌。

8　在戚風蛋糕模具中放入星形切模，在切模內側倒入**6**的香草麵糊。外側則是倒入**7**的抹茶麵糊。快速取出星形切模。將沾在切模上的麵糊刮入模具內。

9　放入160℃的烤箱中烘烤40分鐘。烤到約7分熟時，在蛋糕表面劃入4道切痕。

10烤好後倒扣放置冷卻。

11放涼後將蛋糕脫模。

這份食譜使用的是直徑12cm、高5cm的星形切模。

在切模內側倒入香草麵糊、外側倒入抹茶麵糊。

訣竅為快速地將切模垂直往上取出。如果慢慢拿起來的話，就烤不出漂亮的圖案了。

貓咪圖案戚風蛋糕

在戚風蛋糕上描繪圖案並將蛋糕分為兩色。這是本書中最難掌握技巧的食譜,但多做幾次就會熟練,請務必挑戰看看。

材料（直徑17cm的戚風蛋糕模具1個份）

蛋（M尺寸）… 4個（240g）

砂糖（打蛋白用）… 35g

砂糖（打蛋黃用）… 35g

低筋麵粉 … 80g

水 … 60ml

A ┊ 即溶咖啡 … 2大匙
  ┊ 熱水 … 1/2小匙

◎描繪圖案用的麵糊

可可粉、低筋麵粉、砂糖
　　… 各1大匙

泡打粉 … 1小撮

水 … 1大匙

事前準備

* 將烤箱預熱至160℃。

* 將蛋的蛋白和蛋黃分別打入較大的調理盆中。

* 裁剪烘焙紙並捲成圓錐狀,製作擠花袋(描繪圖案用)。

* 將**A**混合。

作法

1 在模具上描繪圖案後烘烤。將描繪圖案用的麵糊材料放進調理盆中，用橡皮刮刀充分攪拌。將麵糊填入擠花袋中，在尖端剪出小缺口，依序在戚風蛋糕模具的底部和側面畫上貓臉等圖案。放進160℃的烤箱烘烤4分鐘。

2 在蛋白中加入砂糖，用手持式電動攪拌器以高速打發成尖角挺立的蛋白霜。

3 在蛋黃中加入砂糖，用手持式電動攪拌器以低速攪打至泛白為止。

4 將水加入**3**中，用手持式電動攪拌器以低速攪拌。

5 將低筋麵粉篩入**4**中。用手持式電動攪拌器以低速攪拌，再用橡皮刮刀攪拌均勻。

6 取出一半分量的**5**放到另一個調理盆中。加入一半分量的蛋白霜，用橡皮刮刀以不會壓破氣泡的方式混拌。

7 在剩下的**5**中加入**A**，用手持式電動攪拌器以低速攪拌。加入剩下的蛋白霜，用橡皮刮刀以不會壓破氣泡的方式混拌。

8 在戚風蛋糕模具中放入圓形切模，在切模內側倒入**7**的咖啡麵糊。外側則是倒入**6**的原味麵糊。快速取出圓形切模。將沾在切模上的麵糊刮入模具內。

9 放入160℃的烤箱中烘烤40分鐘。烤到約7分熟時，在蛋糕表面劃入4道切痕。

10 烤好後倒扣放置冷卻。

11 放涼後將蛋糕脫模。

1人份 1/8個	182 kcal	→	117 kcal

混合描繪圖案用的麵糊後，填入擠花袋中，在戚風蛋糕模具的底部和側面描繪圖案。

畫好後放入烤箱，稍微烤一下，將圖案烤乾。

組合戚風蛋糕模具的側面和底部後，在模具中放入直徑約11cm的圓形切模。

分別在切模內側和外側倒入麵糊。

不要忘了取出切模。快速地垂直往上取出。

以戚風蛋糕體變化其他蛋糕

利用戚風蛋糕的麵糊製作杯子蛋糕或蛋糕卷等。
正因為沒有使用油脂，所以更能做出濕潤柔軟的蛋糕。

藍莓杯子蛋糕

杯子蛋糕的烘烤時間短，可以隨時製作。將麵糊放入模具後再
壓入藍莓，藍莓就不會往下沉了。

材料（直徑7cm的杯子蛋糕模具5個份）

蛋（M尺寸）… 2個（120g）

砂糖（打蛋白用）… 20g

砂糖（打蛋黃用）… 20g

低筋麵粉 … 40g

水 … 20mℓ

香草油 … 5滴

藍莓（冷凍）
　　… 50g（約30個）

事前準備

＊ 將烤箱預熱至180℃。

＊ 將蛋的蛋白和蛋黃分別打入較大的
　調理盆中。

＊ 在杯子蛋糕的模具中放入格拉辛紙
　模。

作法

1 在蛋白中加入砂糖，用手持
式電動攪拌器以高速打發成尖角
挺立的蛋白霜。

2 在蛋黃中加入砂糖，用手持
式電動攪拌器以低速攪打至泛白
為止。

3 將水加入**2**中，再加入香草
油，用手持式電動攪拌器以低速
攪拌。

4 將低筋麵粉篩入**3**中。用手
持式電動攪拌器以低速攪拌，再
用橡皮刮刀攪拌均勻。

5 將一半分量的**1**的蛋白霜加
入**4**中攪拌混合。

6 將**5**倒入蛋白霜的調理盆
中，以不會壓破氣泡的方式混
拌。

7 將**6**的麵糊分別放入杯子蛋
糕的紙模中，在麵糊表面壓入藍
莓。

8 放入180℃的烤箱中烘烤20
分鐘。烤好後取出放置冷卻。

不是將藍莓放
入麵糊中混
拌，而是將麵
糊放入紙模後
再壓入藍莓。

紐約風
杯子蛋糕

材料（直徑7cm的杯子蛋糕模具5個份）

蛋（M尺寸）… 2個（120g）

砂糖（打蛋白用）… 20g

砂糖（打蛋黃用）… 20g

低筋麵粉 … 40g

水 … 20㎖

香草油 … 5滴

◎乳酪風味奶油霜

　　原味優格（無糖）… 400g

　　砂糖 … 35g

└　香草油 … 適量

乾燥草莓 … 適量

將蓬鬆輕盈的戚風蛋糕做成杯子蛋糕，妝點優格製成的乳酪風味奶油霜，做出健康的點心。

事前準備

* 將優格放進鋪好廚房紙巾的網篩後包起來，放進冰箱半天。換上新的廚房紙巾後，再放進冰箱半天，徹底去除水分。
* 將烤箱預熱至180℃。
* 將蛋的蛋白和蛋黃分別打入較大的調理盆中。
* 在杯子蛋糕的模具中放入格拉辛紙模。

作法

1 在蛋白中加入砂糖，用手持式電動攪拌器以高速打發成尖角挺立的蛋白霜。

2 在蛋黃中加入砂糖，用手持式電動攪拌器以低速攪打至泛白為止。

3 將水加入2中，再加入香草油，用手持式電動攪拌器以低速攪拌。

4 將低筋麵粉篩入3中。用手持式電動攪拌器以低速攪拌，再用橡皮刮刀攪拌均勻。

5 將一半分量的1的蛋白霜加入4中攪拌混合。

6 將5倒入蛋白霜的調理盆中，以不會壓破氣泡的方式混拌。

7 將6的麵糊分別放入杯子蛋糕的紙模中。

8 放入180℃的烤箱中烘烤20分鐘。烤好後取出放置冷卻。

9 製作乳酪風味奶油霜。將去除水分的優格、砂糖、香草油放入調理盆中，用橡皮刮刀充分攪拌。

10 在擠花袋中放入圓形花嘴並填入9，擠在8的蛋糕上。撒上乾燥草莓。

在廚房紙巾包起來的優格上放置重物。不需要特別準備什麼，只要在容器中裝水再擺上去就可以了。

徹底去除水分的樣子。用手指按壓時會留下痕跡的程度即可。

戚風歐姆雷特

將烤好的歐姆雷特放入塑膠袋冷卻，讓蛋糕體不會變乾也不會裂開，就能漂亮地夾好內餡。

材料（4個份）

蛋（M尺寸）…2個（120g）

砂糖（打蛋白用）…20g

砂糖（打蛋黃用）…20g

低筋麵粉…40g

水…20㎖

◎卡士達奶油霜

　蛋黃…1個份

　砂糖…50g

　低筋麵粉…20g

　牛奶…200㎖

　香草油…適量

香蕉…2根

事前準備

＊ 將烤箱預熱至180℃。

＊ 將蛋的蛋白和蛋黃分別打入較大的調理盆中。

＊ 將烘焙紙裁剪成和烤盤一樣的尺寸，畫上4個直徑12㎝的圓形，翻面後鋪在烤盤上。

作法

1 製作卡士達奶油霜。將蛋黃、砂糖、低筋麵粉放入調理盆中，取20㎖的牛奶加入，用打蛋器磨拌混合。加入剩下的牛奶混合，一邊過濾一邊倒入鍋子中。開中火加熱，一邊煮一邊攪拌，煮到沸騰且產生黏稠感為止。加入香草油攪拌。倒入淺盤中，在表面緊貼覆上保鮮膜放涼。

2 在蛋白中加入砂糖，用手持式電動攪拌器以高速打發成尖角挺立的蛋白霜。

3 在蛋黃中加入砂糖，用手持式電動攪拌器以低速攪打至泛白為止。

4 將水加入**3**中，用手持式電動攪拌器以低速攪拌。

5 將低筋麵粉篩入**4**中。用手持式電動攪拌器以低速攪拌，再用橡皮刮刀攪拌均勻。

6 將一半分量的**2**的蛋白霜加入**5**中攪拌混合。

7 將**6**倒入蛋白霜的調理盆中，以不會壓破氣泡的方式混拌。

8 沿著之前畫在烘焙紙上的圓形，將**7**的麵糊抹開。

9 放入180℃的烤箱中烘烤15分鐘。烤好後放進塑膠袋並將袋口綁緊，放置冷卻。

10 在擠花袋中放入星形花嘴，填入**1**的卡士達奶油霜。將切成一半的香蕉放在**9**上，擠上卡士達奶油霜。

為了避免麵糊沾到色筆的顏料，所以將烘焙紙畫有圓形的那面朝下。將麵糊放在圓形中央，沿著邊線抹開。

烤好的蛋糕要一片一片分開放進塑膠袋中，綁緊袋口，放置到冷卻為止。

將巧克力戚風蛋糕的麵糊變化
成蛋糕卷。在烤好的海綿蛋糕
上覆蓋淺盤，一邊以蒸氣保濕
一邊放涼，蛋糕就不會裂開，
能做出漂亮的蛋糕卷。

材料（長30cm的蛋糕卷1條）

蛋（M尺寸）… 3個（180g）

砂糖（打蛋白用）… 20g

砂糖（打蛋黃用）… 20g

低筋麵粉 … 40g

可可粉 … 10g

水 … 40㎖

◎巧克力卡士達奶油霜

　　蛋黃 … 1個份

　　砂糖 … 50g

　　低筋麵粉 … 13g

　　可可粉 … 13g

　　牛奶 … 200㎖

　　香草油 … 適量

巧克力
戚風蛋糕卷

事前準備

* 將烤箱預熱至180℃。
* 將蛋的蛋白和蛋黃分別打入較大的調理盆中。
* 在約25cm×30cm的淺盤裡鋪上烘焙紙。

作法

1 製作巧克力卡士達奶油霜。將蛋黃、砂糖、低筋麵粉、可可粉放入調理盆中，取20㎖的牛奶加入，用打蛋器磨拌混合。加入剩下的牛奶混合，一邊過濾一邊倒入鍋子中。開中火加熱，一邊煮一邊用橡皮刮刀攪拌，煮到沸騰且產生黏稠感為止。加入香草油攪拌。倒入淺盤中，在表面緊貼覆上保鮮膜放涼。

2 在蛋白中加入砂糖，用手持式電動攪拌器以高速打發成尖角挺立的蛋白霜。

3 在蛋黃中加入砂糖，用手持式電動攪拌器以低速攪拌。

4 將水加入**3**中，用手持式電動攪拌器以低速攪拌。

5 將低筋麵粉和可可粉篩入**4**中。用手持式電動攪拌器以低速攪拌，再用橡皮刮刀攪拌均勻。

6 將一半分量的**2**的蛋白霜加入**5**中攪拌混合。

7 將**6**倒入蛋白霜的調理盆中，以不會壓破氣泡的方式混合。

8 將**7**的麵糊倒入鋪上烘焙紙的淺盤中。

9 放入180℃的烤箱中烘烤18分鐘。烤好後，將蛋糕連同烘焙紙一起取出，在蛋糕上覆蓋淺盤，一邊以蒸氣保濕一邊放涼。

10用刀子在**9**的蛋糕體上劃入刀痕，讓蛋糕容易捲起成形。塗抹**1**的奶油霜，從靠近身體這側提起來向前捲。依喜好撒上可可粉。

將烘焙紙的四個角剪開再鋪進淺盤裡。倒入麵糊後，用刮板推開，讓麵糊布滿整個淺盤。

烤好後，將蛋糕連同烘焙紙一起取出，放在冷卻架上，蓋上剛剛取出蛋糕的淺盤。

撕除烘焙紙，將蛋糕放在白紙上（列印用紙也可以）。從捲蛋糕的起始處開始，以5mm的間距劃上刀痕。

在蛋糕體上塗滿奶油霜。從靠近身體這側有如往內摺般地捲起，接著提起白紙往前一邊拉一邊捲。

將戚風蛋糕變化成芬
蘭的聖誕節蛋糕。莓
果的酸甜香氣和這款
蛋糕體非常對味。

芬蘭莓果蛋糕

材料（直徑18cm的圓形模具1個份）

蛋（M尺寸）… 3個（180g）

砂糖（打蛋白用）… 30g

砂糖（打蛋黃用）… 30g

低筋麵粉 … 60g

水 … 45㎖

香草油 … 5滴

磨碎的檸檬皮 … 適量

冷凍草莓、冷凍覆盆子等
　喜歡的莓果 … 100g

杏仁片 … 適量

糖粉 … 適量

事前準備

* 將烤箱預熱至180℃。
* 將蛋的蛋白和蛋黃分別打入較大的調
　理盆中。
* 將冷凍草莓等放在網篩上解凍、去除
　水分。
* 在圓形模具裡鋪上烘焙紙。

作法

1 在蛋白中加入砂糖，用手持式電動攪拌器以高速打發成尖角挺立的蛋白霜。

2 在蛋黃中加入砂糖，用手持式電動攪拌器以低速攪打至泛白為止。

3 將水、香草油、磨碎的檸檬皮加入**2**中，用手持式電動攪拌器以低速攪拌。

4 將低筋麵粉篩入**3**中。用手持式電動攪拌器以低速攪拌，再用橡皮刮刀攪拌均勻。

5 將一半分量的**1**的蛋白霜加入**4**中攪拌混合。

6 將**5**倒入蛋白霜的調理盆中，以不會壓破氣泡的方式混拌。

7 將**6**的麵糊倒入準備好的模具中。

8 放入180℃的烤箱中烘烤35分鐘。烤12分鐘後，先暫時取出。在蛋糕上擺放莓果類並撒上糖粉。接著再放回烤箱，烘烤到指定的時間。用竹籤戳入蛋糕體，如果沒有麵糊沾黏就是烤好了。

9 烤好後取出放涼。大致冷卻後再次撒上糖粉。

莓果在麵糊烤到中央膨起時再擺放，如果一開始就放上去，莓果會沉入麵糊中看不到。

關於戚風蛋糕的 Q & A

這裡挑選了一些戚風蛋糕常見的問題和失敗的案例。秤量材料分量或烘烤時間等，只要掌握重點就沒問題。詳細解說的內容，請大家參考看看。

Q 切開蛋糕後，發現裡面有很大的空洞。

A. 蛋的分量太多了（蛋的尺寸太大）。請以連同蛋殼1個60g、4個約240g的分量製作。蛋太小，戚風蛋糕會長不高。相反的，蛋的分量多時，會長得很高，但同時也會在蛋糕體中形成空洞。此外，水分過多也是造成空洞的原因之一。

Q 蛋明明有確實打發，但蛋糕沒有成功地膨脹。

A. 蛋白霜有確實打發嗎？無油戚風蛋糕的膨脹程度，全都仰賴在蛋白中打入空氣的蛋白霜。確實打發蛋白霜之後，混拌均勻並避免消泡，接著快速放進烤箱烘烤，這些都是非常重要的。為了能立刻烘烤混拌好的麵糊，必須提前預熱烤箱。

Q 蛋糕出爐時膨得很漂亮，但在倒扣放涼時，蛋糕縮水塌陷了。

A. 戚風蛋糕要烤到麵糊會緊黏附著在中央的圓筒上，才能保持膨脹的高度。如果中央部分烘烤不足，蛋糕體會在冷卻時收縮並從圓筒處剝離，這就是塌陷的原因。如果依照食譜指示的時間烘烤後，表面顏色還是不足的話，請將溫度調升到約180℃，烤到圓筒周圍的麵糊稍微帶點焦色並確實緊黏附著，就能避免蛋糕縮水塌陷。

中央圓筒周圍的麵糊顏色偏白，就表示烘烤不足。放涼後蛋糕體會縮水塌陷。

確認中央圓筒周圍的麵糊烤到變成褐色，且確實附著在圓筒上。

Q 將戚風蛋糕脫模時，
把模具上的防沾塗層剝下來了。

A. 不建議使用有防沾塗層的模具。請使用鋁製模具，且注意不要塗抹任何油脂。

Q 沒辦法漂亮地脫模，蛋糕變得破破爛爛的。

A. 將戚風蛋糕脫模是需要練習的。一定要一邊確認刀刃是否緊貼在模具上、一邊小心慢慢地將蛋糕體從模具深處剝離。多嘗試幾次就會變得比較順手。請不要放棄、持續練習。

Q 混拌在麵糊裡的配料都沉到蛋糕底部了。

A. 戚風蛋糕的麵糊含有較多水分，因此混拌在裡面的配料體積太大的話，就會往下沉。請將配料切成約5mm的大小，並於最後混拌蛋白霜時再加入。

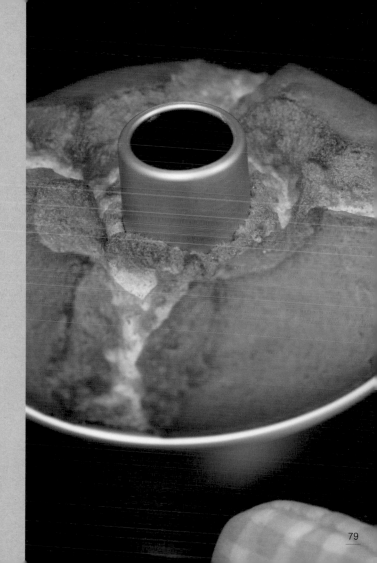

茨木くみ子（Kumiko Ibaraki）

健康料理研究家。從聖路加看護大學畢業後就以健康管理師的身分從事健康管理的工作。從自己曾有進食障礙的經驗中深深明白，不會變胖且對身心都很健康的飲食生活，就是充分攝取穀物類的和食。經營茨木cooking studio，開設教室教授不使用油脂類做麵包、點心、料理，同時也致力於透過雜誌、電視節目、演講活動等普及健康的減重法。著作《太らないお菓子》（文化出版局）銷售超過10萬本。《太らないお菓子 part 2》、《太らないパン》、《太らないパン part 2》、《ホームベーカリーで作る 太らないパン》（皆為文化出版局出版，現在都已絕版）等系列也翻譯並在世界各地出版。

【日文版工作人員】

書籍設計	鳥沢智沙（sunshine bird graphic）
攝影	広瀬貴子
造型	久保原理惠
烹飪助手	川村みちの、斎藤寿美、石川美樹、小林恵美子
校閱	武 由記子
編輯・熱量計算	杉岾伸香（管理營養師）
編輯	浅井香織（文化出版局）

協力

TOMIZ（富澤商店）
線上商店　https://tomiz.com/

FUTORANAI CHIFFON CAKE
©KUMIKO IBARAKI 2020
Originally published in Japan in 2020
by EDUCATIONAL FOUNDATION BUNKA
GAKUEN BUNKA PUBLISHING BUREAU
Chinese translation rights arranged with
EDUCATIONAL FOUNDATION BUNKA
GAKUEN BUNKA PUBLISHING BUREAU
through TOHAN CORPORATION, TOKYO.

國家圖書館出版品預行編目資料

美味不發胖!35款低卡無油戚風蛋糕/
茨木くみ子著；黃嫣容譯. -- 初版.
-- 臺北市：臺灣東販股份有限公司,
2020.12
80面；21×14.8公分
ISBN 978-986-511-543-2（平裝）

1.點心食譜

427.16　　　　　109017053

美味不發胖!
35款低卡無油戚風蛋糕

2020年12月1日初版第一刷發行

作　　　者	茨木くみ子
譯　　　者	黃嫣容
編　　　輯	吳元晴
美術編輯	竇元玉
發 行 人	南部裕
發 行 所	台灣東販股份有限公司

　　　　＜地址＞台北市南京東路4段130號2F-1
　　　　＜電話＞(02)2577-8878
　　　　＜傳真＞(02)2577-8896
　　　　＜網址＞http://www.tohan.com.tw

郵撥帳號　1405049-4
法律顧問　蕭雄淋律師
總經銷　　聯合發行股份有限公司
　　　　＜電話＞(02)2917-8022